L. LE SAINT

LES

AÉROSTATS

LIBRAIRIE DE J. LEFORT

IMPRIMEUR, ÉDITEUR

LILLE	PARIS
rue Charles de Muyssart, 24	rue des Saints - Pères, 30

LES AÉROSTATS

In-8°. 5e série.

La Catastrophe du Zénith.

LES

AÉROSTATS

PAR L. LE SAINT

Officier d'Académie.

LIBRAIRIE DE J. LEFORT

IMPRIMEUR ÉDITEUR

LILLE | PARIS

rue Charles de Muyssart, 24 | rue des Saints-Pères, 30

1876

LES AÉROSTATS

I

Les précurseurs de Montgolfier.

Rien n'atteste que, dans les temps antiques, l'homme ait cherché à s'élever dans les airs, et l'on ne peut rattacher sérieusement à l'art de la navigation aérienne les visites des divinités de l'Olympe aux habitants de la terre, les voyages des anges, la fuite de Dédale et de son fils Icare, s'éloignant de l'île de Crète, pour se soustraire à la colère de Minos, avec le secours d'ailes soudées par de la cire.

Il paraît certain que, au ɪvᵉ siècle avant Jésus-Christ, Archytas de Tarente lança le premier cerf-volant. D'après les écrivains grecs, il fit une colombe de bois qui volait, mais ne se relevait plus si elle venait à tomber. En l'an 66 de l'ère chrétienne, sous Néron, Simon le Magicien tenta à Rome d'atteindre une certaine hauteur; il se brisa le crâne sur le Forum. Du temps de l'empereur Comnène, un Sarrasin se précipita dans l'espace du haut de la tour de l'hippodrome de Constantinople, et eut le même sort que Simon.

Roger Bacon, au xɪɪɪᵉ siècle, inaugura une ère plus scientifique, et, dans son *Traité de l'adorable science de la nature*, il donna la description d'une machine volante. Deux cents ans plus tard, Jean-Baptiste Dante construisit des ailes artificielles qui permettaient à l'homme de traverser les airs. Un jour, à Pérouse, il passa avec son appareil par-dessus la place, mais il s'abattit sur une église et se cassa le cou. Un accident semblable arriva à Ollivier de Malmesbury.

Le xvii° siècle fut l'époque par excellence des voyages fantastiques. Les révélations du téléscope précipitaient les esprits dans la curiosité de l'inconnu. C'est alors qu'apparurent les excursions bizarres de l'imagination dans le ciel, ces voyages dans la lune et dans les planètes, ces romans scientifiques, où quelques connaissances élémentaires étaient la base des édifices les plus exagérés. Et, pour voyager dans les étoiles, il fallait trouver un moyen de transport; de là les inventions singulières de Godwin et de Wilkins. Ce dernier, toutefois, peut être considéré comme le précurseur de Montgolfier. Les enthousiastes saluèrent sa découverte, qui fut appliquée à l'étude de l'astronomie.

Vint ensuite Cyrano et Bergerac, qui, comme tant d'autres romanciers, laissa errer son imagination dans cette voie. François Lana, en 1670, construisit un appareil composé de ballons de cuivre entièrement vides d'air et d'une voile. L'idée était ingénieuse, mais il était impossible qu'elle réussît. La pression atmosphérique extérieure suffisait pour détruire les ballons, et la nacelle, ainsi que les globes, étant plongée entièrement dans l'air, devait nécessairement suivre la direction imprimée par le vent.

Il convient de ne pas oublier le navire décrit par le P. Gallien, en 1755, dans le livre intitulé : *L'Art de naviguer dans les airs, amusement physique et géométrique.* C'est un projet de navigation aérienne colossal, mais qui fait sourire aujourd'hui. De pareils précédents n'étaient nullement de nature à obscurcir la gloire de Montgolfier. Il n'eut pas un rival plus sérieux dans Laurent de Gusman, moine de Rio-Janeiro, qui, suivant quelques-uns, avait, en 1720, lancé un ballon devant ses compagnons ébahis, et, suivant d'autres, s'était élevé, à Lisbonne, en 1736, dans un panier d'osier, devant le roi Jean V, jusqu'à la corniche du palais, d'où il était retombé.

Citons encore Besnier, mécanicien de Sablé, lequel inventa la *machine à voler*, consistant en quatre ailes ou grandes pales convenablement inclinées, montées à l'extrémité de leviers qui portaient sur les épaules de l'homme, et qu'on faisait mouvoir alternativement avec les pieds et les mains; le danseur de corde Allard, qui se blessa grièvement en essayant de descendre de la terrasse de Saint-Germain, devant

Louis XIV, par le moyen d'un agent mécanique ; l'abbé Desforges, chanoine de Sainte-
Croix, à Etampes, dont la nacelle, munie
d'ailes à charnières fort larges, devait, assurait-
il, faire trente lieues à l'heure, et qui ne parvint
jamais à s'élever.

Les fantaisies imaginaires de Gulliver, de
Pierre Wilkins et de Rétif de la Bretonne,
avec le curieux ouvrage publié en 1755, par
M. de la Folie, terminent à peu près la liste
des inventions signalées avant Montgolfier.
Toutes échouèrent parce qu'elles tentaient le
vol dans l'espace à l'aide d'appareils plus lourds
que l'air.

II

Théorie de la navigation aérienne.

Lorsqu'un corps est plongé dans l'air, il est soumis à l'action de deux forces opposées : d'une part, la pesanteur qui tend à l'abaisser ; d'autre part, une poussée de l'air en sens contraire, qui tend à le soulever. Cet effort de bas en haut est égal au poids même de l'air déplacé par le corps. Si donc le corps plongé dans l'air pèse moins que l'air qu'il déplace, c'est la poussée de celui-ci qui prédomine, et le corps prend un mouvement ascensionnel. La machine aérostatique des frères Montgolfier était remplie d'air chaud ; or l'air chaud pesant moins que l'air froid, — puisqu'il n'est que l'air dilaté,

qui, sous le même volume, contient moins
de matière, — il arrivait que l'air chaud
du ballon, augmenté du poids de l'appareil,
pesait moins que le même volume d'air extérieur ; le ballon devait, par suite, monter. Mais
l'air, à mesure qu'on s'élève, devient moins
dense ; l'appareil, conséquemment, doit s'arrêter et demeurer en équilibre quand il rencontre une couche d'air telle que le volume qu'il
déplace pèse précisément autant que lui.

Cette explication de l'ascension des *mont-
golfières* ou ballons à feu s'applique également
aux aérostats à gaz.

Si l'on pèse successivement un grand ballon
en verre de dix litres de capacité plein d'air,
puis vidé par la machine pneumatique, on
trouve entre les deux pesées une différence de
treize grammes. La même expérience, faite avec
le gaz hydrogène que l'on obtient par la décomposition de l'eau, donnerait seulement, pour le
poids de dix litres, quatre-vingt-neuf centi-
grammes. L'hydrogène est donc dix fois moins
dense que l'air. Aussi, si l'on remplit de ce
gaz un ballon, on le voit, soulevé par la poussée de l'air, s'élever jusqu'à ce qu'il rencontre

des couches d'une densité égale à la sienne. Le mouvement ascensionnel s'arrête alors. Pour que l'aérostat redescende, il faut nécessairement remplacer une partie du gaz hydrogène qui le remplit par de l'air atmosphérique, et il ne peut toucher terre que lorsque le gaz hydrogène a été expulsé et remplacé par l'air atmosphérique.

Les ballons à gaz hydrogène sont presque les seuls en usage aujourd'hui. A peine voit-on s'élever encore une montgolfière isolée. L'enveloppe des aérostats est formée de longs fuseaux de taffetas cousus ensemble et enduits d'un vernis de caoutchouc qui rend le tissu imperméable. Au sommet du ballon est une soupape que maintient fermée un ressort, et que l'aéronaute peut ouvrir à volonté, à l'aide d'une corde. Une nacelle légère en osier, dans laquelle peuvent se placer plusieurs personnes, pend au-dessous du ballon, soutenue par des cordes qui enveloppent celui-ci en entier.

Un ballon de dimension ordinaire, pouvant enlever facilement trois personnes, a environ quinze mètres de hauteur, onze mètres de diamètre, et son volume, quand il est gonflé complétement, est de près de sept cents mètres. L'enveloppe pèse cent kilogrammes, et les accessoires, tels que filet, nacelle, cinquante kilogrammes.

Généralement, on se sert peu d'hydrogène pour le gonflement des ballons. On se contente du gaz d'éclairage, c'est-à-dire de l'hydrogène carboné provenant de la décomposition de la houille, qui est deux fois plus léger que l'air. Il suffit pour cela de le faire arriver de l'usine à gaz la plus voisine jusqu'à l'aérostat, au moyen d'un conduit en toile gommée.

Pour faciliter l'introduction du gaz dans le ballon, on dresse deux mâts; à leur sommet sont deux poulies sur lesquelles s'enroule une corde qui passe dans un anneau fixé à la couronne de la soupape. Par ce moyen, l'aérostat peut d'abord être légèrement soulevé au-dessus du sol, et le tuyau du gaz peut facilement y aboutir. Plus tard, quand l'aérostat est à demi-gonflé, il n'est plus nécessaire de le suspendre; il faut, au contraire, s'opposer à son ascension, et des hommes doivent le retenir au moyen de cordes disposées à cet effet. Ces divers préparatifs exigent au moins deux heures. Enfin l'aéronaute se place dans la nacelle, et, au signal donné, le ballon s'élève avec une vitesse d'autant plus grande qu'il est plus léger par rapport à l'air déplacé.

Il importe de ne pas gonfler un ballon complétement; car, la pression atmosphérique diminuant à mesure qu'il s'élève, le gaz intérieur se dilate en vertu de sa force expansive, et tend à le faire crever.

Nous avons dit que l'aéronaute peut facilement manœuvrer la soupape au moyen d'une corde. Quand il l'ouvre, une partie du gaz s'échappe et est remplacé par l'air; l'aérostat, devenu plus pesant, triomphe alors de la poussée de l'air, et il en résulte un mouvement de descente; s'il veut, au contraire, monter, il jette une partie du sable dont il a fait provision dans la nacelle pour lui servir de lest, et rendre ainsi son ballon plus léger.

Ce n'est que d'après les indications du baromètre que l'aéronaute sait s'il monte ou s'il descend. Dans le premier cas, la colonne de mercure s'abaisse; elle s'élève dans le second. C'est à l'aide du même instrument qu'il évalue la hauteur à laquelle il se trouve.

On nomme *parachute* l'appareil qui a été imaginé pour donner plus de sécurité à la descente aérostatique. Cet appareil est formé d'une vaste toile circulaire d'environ cinq mètres de diamètre, qui, par l'effet de la résistance de l'air, s'étend en forme d'un vaste parapluie, et ne tombe que lentement. Sur le contour sont fixées des cordes qui soutiennent une nacelle où se place l'aéronaute. Au centre du parachute est une ouverture, par laquelle s'échappe l'air comprimé par l'effet de la descente; autrement, il se produit des oscillations qui se communiquent à la nacelle et peuvent être dangereuses.

Le parachute d'aujourd'hui ne diffère pas de celui dont Jacques Guernerin, aéronaute français, osa le premier se servir. Le 22 octobre 1797, en présence d'une foule étonnée de son courage, Jacques Guernerin se précipita, protégé par un parachute, d'une hauteur de mille mètres. Cet acte de hardiesse a été renouvelé depuis par sa nièce, Elisa Guernerin, par Mme Blanchard, et, de nos jours, par Godard et Poitevin. Mais, jusqu'ici, le parachute n'a jamais été employé comme moyen de sauvetage dans les voyages aériens.

III

Les premiers voyages aériens.

Les frères Etienne et Joseph Montgolfier,
fabricants de papier dans la petite ville d'Annonay (Ardèche), sont les inventeurs du ballon
à feu, que l'on désigne souvent, à raison de
cette circonstance, sous le nom de *Montgol-
fières*. Ayant cru reconnaître que l'électricité
est la principale cause qui retient les nuages,
ils imaginèrent, en brûlant un mélange de
laine et de paille mouillée, de produire un gaz
ou air électrique plus léger que l'air, et, par
conséquent, capable de s'élever dans l'espace,
d'après le principe d'Archimède. Le 5 juin
1783, une enveloppe faite de toile d'emballage,

doublée de papier, de forme un peu sphérique, ayant environ 866 mètres cubes de capacité, ouverte par en bas, et portant suspendu à la partie inférieure un réchaud où se formait, disait-on, le gaz montgolfier, fut lancé solennellement sur la place publique d'Annonay. Elle s'éleva à environ 1,000 mètres, et alla retomber à près d'une lieue de son point de départ. Les membres des Etats du Vivarais, qui assistaient à l'ascension, adressèrent le procès-verbal de cette belle opération à l'Académie des sciences, qui manda aussitôt Etienne Montgolfier à Paris, et décida que l'expérience serait reproduite à ses frais.

Mais tout Paris était impatient de jouir de ce spectacle nouveau. Une souscription fut ouverte, et le physicien Charles se chargea de présider à la confection d'un ballon, qui fut exécuté dans les ateliers des frères Robert, constructeurs d'appareils de physique. Par une de ces coïncidences fréquentes dans l'histoire des sciences, le gaz hydrogène avait été découvert six ans auparavant par l'Anglais Cavendish. Ce fut lui que Charles employa pour gonfler son ballon, qui fut lancé le 19 septembre 1783, au m'lieu du jardin des

Tuileries, devant trois cent mille spectateurs, dont les cris d'enthousiasme saluèrent son départ. « Jamais, écrit Mercier, leçon de physique ne fut donnée devant un auditoire plus nombreux et plus attentif. » La chute, causée par l'expansion du gaz et la rupture de l'enveloppe, jeta la terreur chez les campagnards parmi lesquels elle s'effectua. Ils accoururent en foule, et, prenant l'aérostat pour la peau d'un animal monstrueux, ils l'assaillirent à coups de pierres, de fourches et de fléaux.

Quelques semaines plus tard, le 19 septembre, Etienne Montgolfier, se rendant au désir de l'Académie, renouvela à Versailles, en présence de la cour, l'expérience d'Annonay, avec un *aérostat* gonflé d'air chaud, qui s'éleva à la hauteur d'un demi-kilomètre, emportant un mouton, un coq et un canard, dans une cage suspendue à l'appareil. Ces animaux, envoyés en quelque sorte en éclaireurs dans l'espace, revinrent sains et saufs, témoignant de la possibilité des ascensions aérostatiques.

Ce succès décida Montgolfier à construire un ballon qui pût emporter des hommes. Il disposa autour de la partie extérieure de l'orifice une sorte de galerie circulaire en osier, recouverte de toile, formant une balustrade et destinée à donner place aux aéronautes. Le jeune physicien Pilâtre des Rosiers et un officier français, le marquis d'Arlandes, osèrent s'aventurer sur ce frêle esquif; ils partirent, le 21 novembre de la même année 1783, du jardin de la Muette, près du bois de Boulogne. Leur voyage fut très-heureux, et on les reçut, à leur descente, en véritables triomphateurs. La machine avait soixante-dix pieds de hauteur, quarante-six de diamètre; elle contenait soixante mille pieds cubes, et le poids qu'elle avait enlevé était d'environ seize à dix-huit mille livres. Les aéronautes avaient atterri tranquillement dans les campagnes, après avoir parcouru, en vingt ou vingt-cinq minutes, l'espace de quatre à cinq mille toises.

Dix jours après, dans le jardin des Tuileries, Charles et Robert s'élevèrent, à leur tour, avec un ballon à gaz hydrogène, devant une foule accourue de tous les points de Paris. Deux heures après leur départ, ils descendirent, à neuf lieues de la ville, dans la prairie de Nesles.

Ce second voyage marqua une date impor-
tante dans l'art de la navigation aérienne. Ce
fut à cette occasion que Charles créa tous les
moyens qui ont été mis en usage depuis par les
aéronautes : la soupape, la nacelle, le lest,
l'enduit de caoutchouc appliqué au ballon de
soie pour empêcher la déperdition du gaz hydrogène, enfin l'emploi du baromètre qui indique
la hauteur à laquelle est parvenu l'aérostat.
Des estampes diverses, les unes sérieuses, les
autres frivoles, portèrent dans la France entière
l'illustration de l'expérience du 1er décembre.
A la légende de l'une des plus populaires, on
lisait ces deux quatrains :

> Chacun admire ici-bas
> Ces argonautes intrépides,
> Et les coursiers les plus rapides
> Jusqu'à Nesles suivent leurs pas,
>
> Mais la frayeur est dans la lune,
> Où le badaud et l'ignorant
> Jugent l'aérostat errant
> Une planète peu commune.

Une esquisse de l'Observatoire de Paris était
dessinée sur le disque lunaire. Mais les plai-
santeries n'empêchèrent pas les esprits sérieux

de se persuader que désormais l'empire de l'air appartenait à l'homme.

Les expériences aérostatiques se multiplièrent rapidement. Les aéronautes de 1783 avaient été seulement Pilâtre des Rosiers, le marquis d'Arlandes, Charles et Robert, auxquels on peut adjoindre le charpentier Wilcox, qui essaya une ascension à Philadelphie et à Londres. En 1784, les navigateurs aériens étaient déjà au nombre de cinquante-deux, et quelques-uns firent plusieurs voyages.

Blanchard conçut un projet d'une audace incroyable pour une époque où la science était encore pleine d'incertitude : il annonça qu'au premier vent favorable, il passerait en ballon de Douvres à Calais. Le 7 janvier 1785, il s'éleva, en effet, avec l'américain Jeffries, dans un ballon à gaz hydrogène, qui fut lancé de la côte de Douvres. Les péripéties de la traversée furent terribles, et ce ne fut qu'avec la plus grande peine que les deux voyageurs atteignirent la côte de France, après avoir jeté à la mer jusqu'à leurs vêtements pour rendre l'appareil plus léger.

Une réception splendide leur fut faite. Le

maire présenta à Blanchard des lettres qui lui conféraient le titre de citoyen de Calais, et son aérostat fut déposé dans la principale église de la ville. Quelques jours après, il reçut l'ordre de paraître devant le roi. Sa Majesté lui avait accordé une pension annuelle de mille deux cents livres, et de plus une somme de mille deux cents livres. La reine, qui était au jeu, mit pour lui sur une carte, et lui fit compter une forte somme qu'elle gagna. Ajoutons que rien ne manqua à la gloire de Blanchard, pas même la jalousie des envieux, qui profitèrent de l'occasion pour le surnommer le *Don Quichotte de la Manche.*

Le 15 juin, l'aventureux Pilâtre des Rosiers et Romain tentèrent une expédition semblable, se proposant de passer de France en Angleterre. Malheureusement, sous le ballon principal, ils avaient eu l'idée de suspendre une montgolfière qui portait avec elle son foyer; c'était, suivant l'expression de Biot, un fourneau sous un magasin de poudre. Parvenu à une hauteur de quatre à six mille mètres, l'appareil prit feu, et les deux aéronautes périrent sur les côtes de Bologne, presque en face de la tour de Croy. Des Rosiers fut trouvé dans la galerie le corps fracassé. Son compagnon vivait encore, mais il ne put proférer une seule parole et, quelques minutes après, il rendit le dernier soupir.

Depuis la mort de Pilâtre des Rosiers, un nombre considérable d'ascensions et plusieurs voyages ont été exécutés. Il serait impossible de les rappeler tous.

Biot et Gay-Lussac firent, en 1804, une très-belle ascension, qui donna lieu à des observations météorologiques importantes. Celle que Gay-Lussac opéra seul ensuite fut encore plus remarquable par les faits dont elle enrichit la science, et par la hauteur qu'atteignit le célèbre physicien, hauteur qui fut de sept mille seize mètres au dessus du niveau de la mer. Depuis, M. Green s'éleva encore davantage. Dans ces régions, le baromètre descendit à trente-deux centimètres, et le thermomètre centigrade, qui marquait trente et un degrés à la surface du sol, était à 9°5 au dessous de zéro. La température était telle, le jour de l'ascension de Gay-Lussac, en juillet, que les substances hygrométriques, comme le papier, le parchemin, se desséchaient et se tordaient, de même que si on les avait présentés au feu. La respiration et la circulation du sang s'arrêtèrent à cause de la raréfaction de l'air. Gay-Lussac constata que son pouls donnait cent-vingt pulsations au lieu de soixante-six, qui était son état normal. A cette grande hauteur, le ciel prend une teinte bleue très-foncé, tirant sur le noir, et un silence absolu et solennel règne autour de l'aéronaute.

Parti de la cour du Conservatoire des Arts et Métiers, Gay-Lussac descendit entre Rouen et Dieppe : il avait parcouru environ trente lieues, et son voyage avait duré six heures. Les habitants du hameau de Saint-Gourgon, près duquel il prit terre, exécutèrent avec beaucoup de bienveillance toutes les manœuvres qu'il leur commanda, afin que la nacelle n'éprouvât pas des secousses qui auraient mis les instruments en danger.

Après Biot et Gay-Lussac, MM. Barral et Rixio résolurent, en 1850, de s'élever très-haut, pour étudier une multitude de phéno-mènes atmosphériques encore complétement inconnus. L'ascension eut lieu le 29 juin, dans le jardin de l'Observatoire de Paris. Mais certaines dispositions de l'appareil n'étaient pas convenables, le vent soufflait avec force, et les deux aéronautes coururent de sérieux dangers. Le ballon s'étant déchiré dans la région de son équateur, ils touchèrent terre près de Lagny, dans une vigne dont le sol était heureusement détrempé. Un mois après, ils partirent de nouveau du jardin de l'Observatoire, et, cette fois, ils atteignirent une altitude de près de huit mille mètres : le thermomètre marquait 19 ° au dessous de zéro. Ils se laissèrent alors descendre, et tombèrent à terre au hameau de Peux, dans l'arrondissement de Coulommiers (Seine-et-Marne).

Le 4 octobre 1863, un aérostat immense, cubant six mille mètres, *le Géant*, s'éleva du Champ-de-Mars, et bientôt traversa les airs avec une rapidité vertigineuse. Le but de l'entreprise était de réunir les fonds nécessaires à l'établissement d'une association libre pour la navigation aérienne, au moyen d'appareils *plus lourds que l'air*. Cette entreprise ne put être menée à bonne fin.

De tous les aérostats construits depuis Mont-

golfier, *le Géant* était le plus rebelle et le
moins dirigeable. M. Tournachon-Nadar, les
deux Godard et Yon le montaient. Il tomba à
Meaux. La soupape, par une négligence difficile
à comprendre, était restée ouverte depuis le
départ.

Une seconde ascension fut préparée pour le
18 octobre. L'aérostat partit à six heures du
soir. Poussé dans la direction du nord, il
franchit la frontière à Erquelines, puis la Bel-
gique, une partie de la Hollande, et arriva le
lendemain matin sur le Hanovre. La chute du
colosse fut le point le plus curieux de la traversée, et, par suite de l'imprévoyance des
passagers, qui négligèrent de jeter le lest dont
la nacelle était remplie, la catastrophe fut tout
autre que la descente de Meaux. Tout le monde
lut à cette époque le récit émouvant de M. Nadar,
et chacun se rappelle encore l'issue de ce voyage
insolite. Après avoir été traînés et remorqués
à la merci d'un ouragan furieux qu'ils auraient
pu éviter, les navigateurs aériens se virent
porter à la lisière d'un bois, au delà d'une
rivière, près de Pethem. Ce fut là qu'ils réussi-
rent à mettre pied à terre. Par un hasard pro-

vidential, aucun d'eux n'avait perdu la vie ;
ils en étaient quittes pour la peur et de fortes
contusions.

Le Géant renouvela ses ascensions en 1867,
mais elles n'eurent pas plus de succès.

IV

Emploi des aérostats
au service de la guerre.

La Révolution songea à utiliser les ballons pour le service de la guerre. Sur l'avis favorable d'une commission d'examen, présidée par Monge, et parmi les membres de laquelle figuraient Berthollet, Fourcroy, Guyton de Morveau, le Comité de salut public décida que les aérostats seraient employés aux armées, comme moyen d'observation. Les premières expériences furent faites, en octobre 1783, sur la terrasse des Feuillants. Le physicien Coutelle présidait aux travaux avec une remarquable supériorité. L'aérostat militaire était rendu captif à une

certaine hauteur, à l'aide de cordes que diri-
geaient à terre les *conducteurs;* et de petits
drapeaux de diverses couleurs, tenus par les
observateurs placés dans la nacelle, indiquaient
aux hommes d'en bas quand il fallait élever
ou descendre le ballon. Pour le gonfler, on
ne devait pas employer l'acide sulfurique, le
soufre étant nécessaire à la fabrication de la
poudre, mais recourir au procédé de la décomposition de l'eau.

Le 25 octobre, la Convention ordonna à
Coutelle et à Lhomond de se transporter à l'armée du Nord avec le ballon dont on avait fait
l'essai. Coutelle partit le premier. Arrêté à Beau-
mont (Oise), il faillit être fusillé comme traître
et espion de l'étranger; enfin il eut le bonheur
de se tirer des griffes du représentant du peuple
et rejoignit le général Jourdan, qui accepta
volontiers l'offre de la Convention. De retour
à Paris, Coutelle continua les expériences au
Petit-Meudon, jusqu'au mois de mars 1794.
Le 29, l'aérostat s'éleva à cinq cents mètres,
et tous les signaux convenus furent exécutés.
Le 2 avril, le Comité de salut public ordonna
la formation d'une compagnie *d'aérostiers,*

spécialement chargés de la manœuvre. Conté fut nommé directeur du service.

Conté, la nouvelle compagnie et tout le service partirent pour Maubeuge, dont les Autrichiens allaient entreprendre le siége. Le 2 juin, les soldats saluèrent de leurs cris la première ascension. L'adjudant général, monté dans la nacelle avec Conté, agitait un drapeau tricolore. L'aérostat parvint à la hauteur de trois cent vingt-trois mètres.

Le lendemain et les jours suivants, d'autres ascensions se succédèrent et portèrent le trouble dans l'armée autrichienne. Au moment où le ballon s'élevait derrière le rempart, des batteries ennemies lui envoyaient des boulets; il ne fut jamais atteint. L'aérostat figura ensuite à l'attaque de Charleroi, à la bataille de Fleurus, et enfin au siége offensif de Mayence. Dans toutes ces circonstances, le rôle du capitaine Coutelle était d'observer de la nacelle les forces de l'ennemi, et de les faire connaître, au moyen de morceaux de papier attachés à de petits sacs de sable qu'il jetait à terre. « Certainement, écrivait-il plus tard, ce n'est pas l'aérostat qui nous a fait gagner la bataille; cependant je dois dire qu'il gênait beaucoup les Autrichiens, qui croyaient ne pouvoir faire un pas sans être aperçus, et que, de notre côté, l'armée voyait avec plaisir cette arme inconnue qui lui donnait confiance et gaieté. » On a prétendu que les observations aérostatiques avaient été inutiles au général Jourdan, et qu'elles n'étaient même pas exactes ; les procès-verbaux de l'époque, signés par Coutelle et par Merlot, qui l'accompagnait, sont en contradiction formelle avec ces affirmations. Quoi qu'il en soit, on ne peut nier que le ballon amena la reddition de Charleroi. Si cette place avait tenu quelques jours de plus, la bataille de Fleurus, suivant le général Ambert, fût devenue un grand revers, au lieu de la victoire qui ouvrit la route de Bruxelles.

Le général Jourdan conserva l'aérostat dans son armée, où il suivait les colonnes en marche. Des ascensions avaient lieu tous les jours, et, le 4 juillet, le général monta lui-même dans la nacelle pour voir le combat sur la route de Sombref.

Le 6 juillet, le ballon, qui portait le nom de l'*Entreprenant*, fut déchiré par la tempête.

Le 5 messidor, an II (23 juin 1794), le Comité de salut public ordonna la création d'une deuxième compagnie d'aérostiers. Elle fut formée à Meudon.

———

V

Emploi des aérostats au service de la guerre (suite).

Vers le milieu de juillet 1793, Coutelle rejoi-gnit, près de Liége, l'armée de Jourdan. Il avait réparé l'*Entreprenant* et construit le *Martial* d'après les idées de Guyton-Morveau. Ce ballon, d'un nouveau genre, était formé d'un cylindre, terminé par deux hémisphères. D'une moindre capacité que l'*Entreprenant*, il avait l'avan-tage de présenter moins de prise au vent, de s'abriter sous une tente plus portative et d'exiger un moindre volume de gaz, c'est-à-dire un fourneau plus simple et qu'on pouvait construire en peu de temps. Malgré cela, après sept ascensions de Coutelle et de Lhomond avec le *Martial*, là forme cylindrique fut abandonnée. Un rapport de Coutelle fit revenir à la forme sphéroïdale et aux dimensions de l'*Entreprenant*. Le système de Guyton-Morveau était peut-être préférable comme aérostat libre, mais il devait être rejeté comme ballon captif, à cause de la réaction des cordes qui déterminaient un tangage d'une extrême violence et nuisaient ainsi aux observations.

A la fin de la campagne, le gouvernement créa un parc de guerre à Borcette, près d'Aix-la-Chapelle. Une école aérostatique fut fondée à Meudon le 31 octobre 1804.

Le rôle que jouèrent les ballons dans l'expédition d'Egypte ne fut nullement belliqueux. Les Anglais s'emparèrent du navire qui transportait les appareils et les provisions d'acide nécessaires à la production du gaz, de sorte qu'on ne sait si Bonaparte en eût fait usage. Mais il voulut frapper d'étonnement les populations des bords du Nil, et il paraît qu'une montgolfière tricolore en papier s'éleva majestueusement, au milieu des fêtes célébrées au Caire, à l'occasion du 9 vendémiaire.

Sous le Consulat, l'usage de l'aérostat militaire fut abandonné. Les oscillations de la nacelle, la lutte du globe contre les vents, l'impossibilité de se maintenir à un point à peu près fixe dans l'espace, étaient des obstacles qui ne pouvaient être surmontés, dit M. Larousse, que par le dévouement des soldats de la Révolution.

Napoléon ne favorisa pas l'application des ballons aux reconnaissances, et c'est à peine si, depuis l'empire, on trouve quelques traces historiques de l'aérostation militaire.

En 1815, Carnot, qui commandait la défense d'Anvers, usa d'un ballon pour juger des positions de l'ennemi. En 1820, quelques partisans exaltés de l'aérostatique cherchèrent à remettre la question sur le tapis. Les journaux, en 1826, se décidèrent à s'en occuper. Le *Spectateur militaire* publia un article où il prédisait l'oubli des traditions et la perte, peut-être irréparable, des découvertes déjà acquises. L'opinion publique s'émut; un rapport fut rédigé, mais il alla, comme cela n'arrive que trop souvent, s'enfouir dans les cartons. Lors de l'expédition d'Alger, en 1830, l'aéronaute

Maryot obtint l'autorisation d'accompagner l'armée; son aérostat ne fut même pas déballé. En 1848-49, les Autrichiens employèrent, devant Venise, de petits ballons enlevant des bombes; les vents reportèrent les envois sur les assiégeants, qui s'empressèrent de renoncer au procédé. Enfin, en 1854, on essaya à Vincennes, mais dans de mauvaises conditions, et conséquemment sans succès, de faire tomber d'un aérostat captif des projectiles détachés par un mécanisme électrique.

Depuis les guerres de la République, on ne remarque guère en France qu'un exemple d'application des ballons aux opérations militaires; il est très-rapproché de nous. En 1859, la veille de la bataille de Solférino, Godard déclara qu'il n'y avait personne dans la plaine. Il est à croire qu'il n'eût pas été nommé aéronaute de l'Empereur, s'il n'avait rendu que ce léger service.

Les Américains, au contraire, se sont livrés à des travaux et à des expériences qui ont porté leurs fruits. Pendant la guerre entre le nord et le sud (Etats-Unis), la science aérostatique fut établie par les aéronautes Lowe, Moutain et Allan. Le général Mac-Clelan, en 1860 et 1862, tira bon parti de leur habileté.

Les Anglais firent des expériences en 1804, au camp d'Oldershool, et acquirent la preuve qu'à la hauteur de quatre cents mètres, on peut distinguer les mouvements des troupes à plusieurs kilomètres.

En Autriche, en 1865, on chercha, sous la direction du baron Ebner, à combiner la mont-golfière et le télégraphe optiques. Cependant l'aérostation ne fut pas employée pendant la campagne de Danemark.

Durant la guerre de 1870-71, Metz et Paris, investis par les troupes allemandes, eurent recours aux aérostats pour se mettre en rapport avec le reste de la France. A Metz, on se borna à lancer de petits ballons, qui enlevaient un poids déterminé de dépêches; ces ballons, allant où les poussait le vent, tombaient parfois dans un camp ennemi, mais souvent aussi sur un territoire non occupé, et beaucoup de familles avaient ainsi des nouvelles de ceux des leurs qui étaient renfermés dans la place.

A Paris, ce fut tout autre chose. Des aéros-tats, montés par de hardis et habiles conducteurs, la plupart du temps des marins, emportaient d'immenses paquets de lettres, des pigeons, et quelquefois des hommes chargés d'une mission. C'est ainsi que, le 7 octobre 1870, M. Gambetta, ministre de l'intérieur, quitta la capitale en ballon, pour aller rejoindre, à Tours, la délégation de la Défense nationale. Le voyage ne fut pas sans danger. Au delà de Chantilly, l'aéronaute, croyant voir des mobiles, se mit en mesure d'opérer la descente ; il s'aperçut aussitôt que les prétendus mobiles étaient des Prussiens qui nettoyaient leurs armes devant une grange crénelée. On prit terre à Montdidier. La nacelle se trouva arrêtée un moment dans les branches d'un arbre, et ce ne fut pas sans peine qu'on l'amena vers la terre. Le 8, à huit heures du matin, M. Gambetta était à Amiens ; de cette ville il gagna facilement Rouen et Tours.

En décembre, un autre aérostat, tombé à Belle-Isle-en-Mer, transmit à la délégation du Gouvernement la dépêche qui annonçait la sortie opérée le 29 novembre par l'armée de Paris.

Soixante-quatre ballons s'élevèrent dans la capitale. Deux se perdirent, deux tombèrent

au pouvoir des Allemands, cinquante-sept arri-
vèrent dans les provinces libres. Une des
ascensions les plus remarquables fut celle de la
Ville d'Orléans, montée par M. Rolier, ingé-
nieur, qui précéda la sortie du 29. C'était le
21. Le général Trochu, ayant à faire parvenir
à Tours une dépêche relative au plan de réunion
des troupes de la capitale avec celles de la
Loire, donna l'ordre de tenir prêt pour dix
heures du soir un ballon en partance.

A onze heures, tout était disposé. Il faisait
nuit noire; une petite pluie fine tombait, et
le vent paraissait favorable. M. Rolier monta
dans la nacelle avec un franc-tireur qui l'accompagnait. Bientôt l'aérostat s'élança dans les airs
aux cris de *Vive la France!* et arriva prómp-
tement à la hauteur de deux mille sept cent
mètres, qu'il conserva toute la nuit. Les villes
et les villages se succédèrent avec rapidité. A
l'approche du jour, inquiet d'un bruit qu'il
entendait depuis quelque temps, M. Rolier se
laissa descendre et se convainquit que c'était
le bruit des flots. Le ballon passait au dessus
de la mer! Il y avait déperdition de gaz;
l'aérostat descendait toujours. Les aéronautes

coupèrent la corde qui fixait à la nacelle un
paquet de soixante-cinq kilogrammes de lettres
pressées, et le ballon remonta aussitôt avec une
vitesse qui contraignit M. Rolier à ouvrir l'ap-
pendice pour laisser échapper l'excès du gaz,
car il y avait à craindre une explosion.

Le paquet de lettres ne fut pas perdu. On
lut plus tard dans le *Times* ces mots :

« Le 30 novembre 1870, au matin, le
Dantzic, de Christiansand, est arrivé à Lith
(Écosse) avec une boîte contenant soixante-
cinq kilos de lettres, ramassée par des pêcheurs. »

Après bien des périls, les voyageurs, aper-
cevant la terre au dessous d'eux, se précipitèrent
d'une hauteur de quinze à dix-huit mètres,
pour éviter une mort certaine. Le ballon disparut dans les airs, emportant tout son contenu.
La contrée était déserte, la neige tombait à
gros flocons, et les deux aéronautes étaient
sans vivres. S'avançant au hasard, dans la
direction du sud, ils rencontrèrent une cabane
abandonnée, où il y avait du foin, et y passèrent
la nuit.

Le lendemain, suivant le sillon d'un traîneau
et les traces d'un cheval dans la neige, ils

atteignirent une chaumière, dont la porte n'était pas fermée, et comme ils mouraient de faim, en l'absence des indigènes, ils dévorèrent une partie du garde-manger. Soudain une voix du dehors appela : *Claz ! Claz !* M. Rolier et son compagnon se précipitèrent vers la porte, et virent deux hommes, avec qui ils se mirent en rapport par la pantomime ; ceux-ci, comprenant la position des étrangers, leur offrirent ce qu'ils avaient de mieux et se montrèrent très-hospitaliers.

A la fin du repas, le café, qu'ils appelaient *kafic,* vint montrer qu'il ne serait pas tout à fait impossible de trouver quelques mots communs aux deux langues, au moins à peu près. Pendant que les Français dégustaient le café, Claz — c'était le nom de l'un des deux indigènes — examinait attentivement les bottes déchirées que M. Rolier avait mises sécher auprès du feu. Tout à coup, se frappant le front, Claz, qui venait de lire l'adresse du bottier, s'écria : « Paris, Paris, *French !* » et les deux naturels, se précipitant vers les Français, leur serrèrent affectueusement les mains.

M. Rolier, raconte M. Witold, appelant alors

le dessin à son secours, chercha à expliquer, à l'aide de croquis, comment il se trouvait être leur hôte. Il fut compris, car ses interlocuteurs lui répondirent : *Ja, ja, balloum, balloum.* Cependant il n'avait encore obtenu aucune indication précise sur le pays où il était, quand, voulant fumer une cigarette, il aperçut une boîte d'allumettes qui le renseigna enfin sous ce rapport. Cette boîte portait l'inscription : *Nitedals Taendstikkers, N. Sand, Christiania.*

Ils étaient dans la Norwége ! La *Ville d'Orléans* avait parcouru six cent cinquante lieues en moins de quinze heures, et déposé M. Rolier sur le Mont-Lid (Lidfjeld), au pied d'un des plus hauts pics de la Cordilière Scandinave. Puis elle était allée tomber à cent kilomètres du Mont-Lid, dans un village où elle avait causé une grande terreur à la population superstitieuse de la contrée.

M. Rolier se fit conduire en traîneau au village voisin de Silglord, d'où il se dirigea, avec son compagnon, vers Christiania, recevant partout le plus chaleureux accueil. Arrivé dans cette ville, il s'empressa d'expédier à

Tours, par télégramme chiffré, la dépêche dont il était porteur. Il offrit son ballon à l'Université de Christiania, à la condition qu'il serait exposé au profit des victimes de la guerre, et autorisa la vente de son portrait et d'une médaille commémorative, faite d'un alliage auquel était mélangé le métal de ses piles électriques. Le produit de ces opérations et des souscriptions ouvertes par les Norwégiens en faveur des blessés français s'éleva en trois jours à vingt-quatre mille francs, que M. Rolier remit au Gouvernement de Bordeaux en allant lui rendre compte de sa mission. En récompense de sa belle conduite, il fut nommé chevalier de la Légion-d'Honneur et officier de l'ordre de Saint-Olaf de Suède.

VI

La catastrophe du Zénith.

Ainsi que l'écrivait M. Louis Raymond, dans un excellent article publié en mai 1875 par le *Musée universel,* la nature est souvent cruelle à ceux qui entreprennent de lui arracher ses secrets; elle résiste aux audacieux qui veulent pénétrer les mystères de la création, et quelquefois elle les punit de mort. C'est ainsi qu'elle venait de frapper deux hommes de courage et d'énergie, deux héroïques pionniers de la science, asphyxiés dans les hautes régions de l'air, dont ils étaient les plus hardis explorateurs.

Le 15 avril 1875, à onze heures vingt-cinq minutes du matin, le ballon le *Zénith* quitta l'usine à gaz de La Villette, emportant trois aéronautes : MM. Sivel, Crocé-Spinelli et Gaston Tissandier, l'éminent auteur de la *Nature*. Tous les trois, ils avaient déjà exécuté de nombreuses ascensions ; ils avaient cette fois reçu, de l'Académie des sciences, la mission de procéder à différentes expériences spectroscopiques et de constater la composition de l'air à de grandes hauteurs.

Moins de trois heures après le départ de l'aérostat, MM. Sivel et Crocé-Spinelli avaient péri ; M. Tissandier seul avait pu triompher de l'asphyxie.

Et cependant M. Tissandier était le plus faible de tempérament des trois. Blond, pâle, délicat, il avait traversé des régions mortelles presque impunément, et, à demi mort, était retombé à terre avec le ballon, pour nous dire qu'il y a des limites infranchissables à l'homme, que nul ne peut pénétrer les noires ténèbres qui enveloppent la terre et la couche d'air qui l'entoure.

M. Crocé-Spinelli était très-jeune ; son nom était acquis à la science, et son intrépidité le faisait admirer de tous. Il était monté souriant en ballon, avec une casquette élégante sous laquelle flottait un mouchoir blanc; sa figure, éclairée par une intelligence vive, exprimait le plaisir qu'il aurait, quelques heures après son ascension, à donner des nouvelles de sa périlleuse traversée : on eût dit un voyageur prenant un billet d'aller et retour et partant pour la campagne. Son tempérament était de fer.

M. Sivel, plus robuste encore, vaillant marin, avait plusieurs fois fait le tour du monde; mais, trouvant la mer monotone, versé dans les questions scientifiques, aimant à résoudre les problèmes et cherchant l'inconnu, il s'était entièrement consacré aux voyages aériens. C'était le pilote de l'expédition. Nul ne savait mieux que lui, au moment du danger, jouer avec la mort, attacher les cordages du ballon, grimper jusqu'à la soupape. On l'avait vu, quelques instants avant l'ascension, avec son mâle visage, donner des ordres, fixer les ballonnets de gaz oxygène, mêlant la plaisanterie au commandement.

— Quand je vous dirai de larguer, vous lâcherez tout, diait-il aux gens qui tenaient le ballon.

Et comme le vent semblait être plus fort que ceux qui se pendaient à la nacelle dans laquelle il était entré afin d'organiser les préparatifs :

— Ne lâchez pas, sapristi ! vous ne voulez pas me laisser partir tout seul.

Et chacun riait.

Il secoua même un homme qui, croyant bien faire, sous prétexte de tenir une corde pour empêcher le ballon de s'envoler, s'y était accroché et devenait une cause d'embarras.

Nous le répétons, c'est à onze heures vingt-cinq minutes que l'aérostat partit. Tout le monde souhaitait un bon voyage aux aéronautes; ils étaient, du reste, confiants en l'espace; le vent était favorable.

— Ne vous sentez-vous pas plus de pulsations du cœur à la minute que d'habitude en voyant que le ballon ne se gonfle pas assez vite? demandait, un quart d'heure avant la montée, M. Spinelli à M. Tissandier.

Et ce même ballon qui, à son gré, ne se gonflait pas assez rapidement, devait bientôt, en l'emportant trop haut, arrêter chez lui pour toujours le mouvement du cœur.

A quatre heures de l'après-midi, l'aérostat fut trouvé dans les vignes des environs de Ciron (Indre). Un des fermiers de M. P. Aubigné recueillit les malheureux. On prodigua des soins à M. Tissandier, qui vivait encore; les deux autres furent déposés sur de la paille dans une grange.

L'impression produite par la mort affreuse des deux martyrs de la science fut profonde. Ce malheur donna lieu à de nombreux récits, mais aucun ne saurait remplacer la lettre que M. Gaston Tissandier adressa au président de la Société française de navigation aérienne. On y voit que MM. Crocé-Spinelli et Sivel avaient succombé à l'asphyxie par l'air raréfié, une sorte de *mal des montagnes* poussé à ses limites extrêmes, dont l'un des symptômes habituels est l'hémorrhagie pulmonaire.

La lettre de M. Tissandier était datée du petit village de Ciron, situé entre Argenton et Le Blanc, à environ trois ou quatre lieues de ces deux localités. En voici le texte :

« A M. le président de la Société française de navigation aérienne.

» Ciron (Indre), 16 avril 1875.

> Cher monsieur,

> Un télégramme envoyé par voie officielle vous a appris l'épouvantable malheur qui nous a frappés. Sivel et Crocé-Spinelli ne sont plus. L'asphyxie les a saisis dans les hautes régions de l'air que nous avons atteintes. Je vous dirai ce que je puis savoir de ce drame ; car, pendant deux heures consécutives, je me suis trouvé dans un état d'anéantissement complet.

> L'ascension de l'usine à gaz de la Villette s'est bien accomplie ; à une heure de l'après-midi, nous étions déjà à plus de cinq mille mètres (pression cent millimètres).

> Nous avons fait passer l'air dans des tubes à potasse, tâté nos pulsations, mesuré la température intérieure du ballon, qui était de 5°. Sivel avait arrimé la nacelle ; Crocé s'était servi de son spectroscope. Nous nous sentions tout joyeux.

> Sivel jette du lest ; bientôt nous montons ; tout en respirant de l'oxygène qui produit un excellent effet. A une heure vingt, le baromètre

marque cent-vingt millimètres. Nous sommes
à l'altitude de sept mille mètres. La température est de 10°. Sivel et Crocé sont pâles
et je me sens faible. Je respire de l'oxygène, qui
me ranime un peu. Nous montons encore.

» Sivel se tourne vers moi et me dit : « Nous
avons beaucoup de lest; faut-il en jeter? »
Je lui réponds : « Faites ce que vous voudrez. »
Il se tourne vers Crocé, il lui fait la même
question. Crocé baisse la tête avec un signe
d'affirmation très-énergique.

» Il y avait dans la nacelle au moins cinq
sacs de lest (le sac de lest pèse vingt-cinq
kilos); il y en avait quatre au moins pendus
au dehors par des cordelettes. Sivel saisit son
couteau et coupe successivement trois cordes.
Les trois sacs se vident, et nous montons rapidement. Je me sens tout à coup si faible que je
ne peux même pas tourner la tête pour regarder
mes compagnons qui, je crois, se sont assis.
Je veux saisir le tube à oxygène, mais il
m'est impossible de lever le bras. Mon esprit
était encore très-lucide. J'avais les yeux sur
le baromètre et je vois l'aiguille passer sur le
chiffre de la pression 290, puis 280, qu'elle

dépasse. Je veux m'écrier : « Nous sommes à huit mille mètres », mais ma langue est comme paralysée. Tout à coup je ferme les yeux et je tombe inerte, perdant absolument le souvenir. Il était environ une heure et demie.

» A deux heures huit minutes, je me réveille un moment. Le ballon descendait rapidement ; j'ai pu couper un sac de lest pour arrêter la vitesse et écrire sur mon registre de bord les lignes suivantes, que je recopie :

« Nous descendons. Température, 8°. Je jette lest. Hauteur barométrique, 315. Nous descendons. Sivel et Crocé encore évanouis au fond de la nacelle. Descendons très-fort. »

» A peine ai-je écrit ces lignes, qu'une sorte de tremblement me saisit et je retombe évanoui encore une fois. Je ressentais un vent violent qui indiquait une descente très-rapide. Quelques moments après, je me sens secoué par le bras et je reconnais Crocé, qui s'est ranimé.

— Jetez du lest, me dit-il, nous descendons.

» Mais c'est à peine si je puis ouvrir les yeux, et je n'ai pas vu si Sivel était réveillé. Je me rappelle que Crocé a décroché l'aspirateur qu'il a jeté par dessus le bord, et qu'il a jeté du lest, des couvertures, etc.

» Tout cela est un souvenir extrêmement confus qui s'éteint vite, car je retombe dans mon inertie plus complétement encore qu'auparavant, et il me semble que je m'endors d'un sommeil éternel.

» Que s'est-il passé? Je suppose que le ballon délesté, imperméable comme il l'était, et très-chaud, a remonté encore une fois dans les hautes régions. A trois heures quinze environ, je rouvre les yeux, je me sens étourdi, affaissé; mais mon esprit se ranime. Le ballon descend avec une vitesse effrayante. La nacelle est balancée avec violence et décrit de grandes oscillations. Je me traîne sur mes genoux et je tire Sivel par le bras ainsi que Crocé. « Sivel, Crocé, m'écriai-je, réveillez-sous! » Je rassemble mes forces, et j'essaie de les soulever; Sivel avait la figure noire, les yeux ternes, la bouche béante et remplie de sang. Crocé-Spinelli avait les yeux fermés et la bouche ensanglantée.

» Vous dire ce qui se passa alors m'est impossible. Je ressentais un vent effroyable de bas en

haut. Nous étions encore à six mille mètres
d'altitude. Il y avait dans la nacelle deux sacs
de lest que j'ai jetés.

» Bientôt la terre se rapproche ; je veux saisir
un couteau pour couper la cordelette de l'ancre :
impossible de le retrouver. J'étais comme fou
et continuais à appeler : « Sivel ! Sivel ! » Par
bonheur, j'ai pu mettre la main sur un couteau
et détacher l'ancre au moment voulu.

» Le choc à terre fut d'une violence extrême.
Le ballon sembla s'aplatir et je crus qu'il allait
rester en place. Mais le vent était violent et
l'entraîna. L'ancre ne mordait pas et la nacelle
glissait à plat sur les champs. Les corps de
mes malheureux amis étaient cahotés çà et là,
et je croyais à tout moment qu'ils allaient
tomber de la nacelle. Cependant j'ai pu saisir
la corde de la soupape, et le ballon n'a pas tardé
à se vider, puis à s'éventrer contre un arbre.
Il était quatre heures.

» En mettant pied à terre, j'ai été saisi d'une
surexcitation fébrile violente, et bientôt je me
suis affaissé en devenant livide. J'ai cru que
j'allais rejoindre mes amis dans l'autre monde.

» Cependant, je me remis un peu. J'ai été

auprès de mes malheureux compagnons, qui étaient déjà froids et crispés. J'ai fait porter leurs corps à l'abri dans une grange voisine. Les sanglots m'étouffaient et m'étouffent encore.

» Je suis à Ciron, près Le Blanc, où j'ai trouvé une hospitalité parfaite.

» J'ai eu la fièvre toute la nuit. Je n'ai pas encore pu manger quoi que ce soit et je suis bien faible.

» Je vous embrasse.

» GASTON TISSANDIER. »

La *Société des aéronautes* reçut en même temps cette autre lettre :

Département de Loir-et-Cher. — Arrondissement de Romorantin. — Mairie de Cormentin.

« Messieurs,

» Il vient de m'être déposé un fragment de ballon de fer où il est écrit : « Société française, navigation aérienne, rue Lafayette, 95, approuvée par le ministre de l'intérieur.

» Récompense à celui qui trouvera cet objet et qui préviendra le comité. »

» Le ballon vient d'être ramassé, c'est-à-dire hier 15, à deux heures après-midi, par un nommé Arrault ; une couverture a été aussi trouvée à peu de distance par un nommé Boisseau, et une petite boîte.

» Cette boîte fracturée n'avait rien dedans et semble avoir renfermé des objets précieux. Enfin on a trouvé une pièce de toile bâche. Nous craignons des malheurs, car les cordes de la nacelle ont été coupées, et sur tous les objets il y a trace de sang. On s'informe de tous côtés.

» Le maire,

» VILLEDIEU. Etc, etc. »

Le *ballon de fer* dont parle le maire de Cormentin, c'est l'aspirateur que devaient expérimenter pour la première fois les aéronautes. Comme c'était au moment où Crocé l'avait jeté et où l'aérostat était remonté avec une rapidité vertigineuse, que les infortunés avaient expiré, la lettre, en apprenant l'heure où le *ballon de fer* était tombé, donnait, par suite, l'heure de la mort des deux voyageurs.

Plusieurs versions coururent sur la cause

de la catastrophe; la seule vraie est celle qu'indique M. Tissandier. Quand le ballon eut atteint une altitude considérable, on ouvrit la soupape; l'aérostat descendit alors très-rapidement. On se débarrassa d'une partie du lest, mais la descente continuant d'être rapide, Crocé, à moitié asphyxié, la tête perdue, jeta l'aspirateur, qui pesait cinquante kilos. Aussitôt le ballon remonta, et l'asphyxie des deux savants devint complète.

Chaque ballon porte des feuilles de papier appelées questionnaires, où on lit ceci :

« Au nom de la science, nous prions la personne entre les mains de qui tombera le présent papier, de le remettre à la mairie ou à M. l'instituteur, qui, nous l'espérons, voudront bien le renvoyer à M. le président de la Société française de navigation aérienne, 95, rue Lafayette, Paris, en fournissant les renseignements suivants, qui serviront de termes de comparaison avec ceux obtenus à bord de l'aérostat qui vient de passer au dessus du pays.

» *Les membres de la Société française de navigation aérienne.* »

Les aéronautes répandent une infinité de ces papiers. A la date du 19 avril, huit *questionnaires* du *Zénith* étaient déjà revenus à la Société; un, entre autres, trouvé par M. Dutertre, fermier à Loups, commune de Saint-Michel (Indre), avait des traces de sang.

C'était par un véritable miracle que M. Gaston Tissandier avait échappé à la mort : il était tombé en léthargie, et les conditions de la vie se trouvant supprimées pour lui, il n'avait plus eu besoin d'oxygène pour respirer.

Il se passa à Paris des scènes navrantes. M. Sivel avait épousé la fille de l'aéronaute Poitevin; il avait une petite fille de sept à huit ans. Son père vivait avec eux. Le vieillard se rendit au siége de la Société de navigation aérienne; la fatale nouvelle était déjà connue. On ne voulut pas lui dire toute la vérité, mais on lui annonça que son fils avait été victime d'un accident, et que les médecins étaient inquiets. Frappé de pressentiments sinistres, il retourna chez lui, afin de préparer à son tour sa petite-fille à entendre la cruelle vérité. Quand il arriva, son concierge lui apprit la mort de son fils. Mme Sivel s'affaissa anéantie; sa fille fut prise d'une terrible attaque de nerfs.

Les restes des deux savants ne tardèrent pas à être transférés à Paris; les familles obtinrent l'autorisation de faire mouler le visage de l'un et de l'autre. On devait à ces deux martyrs de la science de solennelles funérailles; la France était disposée à leur tenir compte de leur fin glorieuse. Mais il y avait quelque chose de plus à faire. Ils laissaient des orphelins, des parents sans appui; il appartenait au pays de secourir ceux que cette terrible catastrophe privait de leurs soutiens. Un journal reçut la note suivante :

« La Société française de navigation aérienne, en présence du malheur qui vient de frapper deux de ses membres, MM. Sivel et Crocé-Spinelli, croit devoir ouvrir une souscription pour venir en aide aux familles des deux victimes de leur dévouement à la science.

» Elle compte sur la bienveillance unanime de la presse, bienveillance dont les manifestations l'ont profondément touchée, et espère que chaque journal voudra bien donner place dans ses colonnes à la liste de souscription qui s'adresserait directement à lui.

» Les sommes souscrites seront ensuite cen-
tralisées entre les mains de M. Félix Caron,
trésorier de la Société de navigation aérienne,
dans les bureaux du journal l'*Aéronaute*, rue
Lafayette, 95.

» Le président,

» NERVÉ MANGON, membre de l'Institut.

» Les vice-présidents,

» PAUL BERT, MAREY, MOTARD.

» Le secrétaire général,

» ABEL HUREAU DE VILLENEUVE. »

Les obsèques des victimes du *Zénith* eurent
lieu le 22 avril. Dès dix heures du matin,
la cour d'arrivée de la gare d'Orléans était
littéralement pleine de monde. Sur le quai se
tenaient quelques femmes en grand deuil qui
sanglotaient, la petite fille de Sivel, le père de
Crocé, dont la douleur faisait mal, et M. Gaston
Tissandier, maîtrisant avec peine son émotion.
Devant eux, un fourgon de bagages était
arrêté; c'était là que, depuis deux jours,
reposaient les corps.

On remarquait parmi les personnes présentes :
MM. Barral, Dagron, membres de l'Institut;

Eugène Godard et son frère Paul, arrivant à peine de Nantes et portant encore de sanglantes cicatrices de leur dernière descente; M. Barnouf, MM. Paul Bert, Victor Duruy, etc.

Le maréchal de Mac-Mahon s'était fait représenter par son aide de camp, M. de Langsdorf, lieutenant de vaisseau; M. le capitaine Chabord représentait le ministre de la guerre.

A onze heures précises, les deux cercueils furent descendus des fourgons et portés dans la cour. Aussitôt M. Dide s'approcha, et prononça une allocution, dans laquelle il retraça la vie des deux aéronautes. La foule était énorme.

Les cercueils furent placés sur deux corbillards très-simples, et le cortége se dirigea vers le cimetière du Père-Lachaise; partout, sur son passage, les fronts se découvraient respectueusement.

Au Père-Lachaise, M. Dide prit de nouveau la parole, et, après lui, M. Thillier, président du conseil municipal; MM. Nervé, Mangon et Hureau de Villeneuve. M. Gaston Tissandier s'approcha, à son tour, de la tombe et s'écria :

— Adieu, Crocé! adieu, Sivel! adieu!

Les larmes l'empêchèrent de continuer.

— Mon fils, dit le vieux père de Sivel, je crois à l'immortalité de l'âme, je te reverrai un jour.

Enfin M. Tarbé prononça quelques mots au nom de la Société des aéronautes du siége, et la foule s'écoula dans le plus grand ordre.

Le 27 avril, à l'Académie des sciences, M. Gaston Tissandier lut un rapport sur la catastrophe du *Zénith*. L'heureux survivant raconta avec émotion la mort de ses deux amis. Il fournit à l'Académie les renseignements les plus complets sur les expériences qu'il avait faites dans cette ascension.

Jusqu'au moment de leur évanouissement, les voyageurs avaient pu constater l'état de leur pouls : celui de Crocé battait de soixante-quatorze à quatre-vingt cinq pulsations, celui de Sivel de soixante-seize à quatre-vingt six, celui de Gaston Tissandier de soixante-dix à quatre-vingts.

M. Tissandier parla ensuite de l'atmosphère.

« L'atmosphère, dit-il, offrait le 15 avril un état particulier. Elle devait être remplie de paillettes de glace extrêmement ténues, dont

rien ne faisait présumer la présence à la surface
du sol, puisque le ciel était bleu et sans tache,
mais qui se révélaient, en les considérant de
haut en bas, sous une grande épaisseur et
vers l'horizon.

» A sept mille mètres, la nacelle était entou-
rée d'un cercle de cirrhus qui offraient l'aspect
d'une masse solide et cristallisée. Ces nuages
avaient l'apparence de filaments étirés, à la
surface desquels apparaissaient des proémi-
nences unies. Au dessous du ballon on distin-
guait encore la terre, mais on n'en voyait
qu'une faible surface qui semblait être la base
d'un cylindre immense, limité intérieurement
par une buée et les cirrhus supérieurs. A sept
mille cinq cent mètres, le ciel, dans les régions
supérieures, m'apparaît avec sa nuance bleue
habituelle. »

Sa conclusion fut que, pour lui, c'était la
dépression atmosphérique qui avait tué ses
deux compagnons.

L'Académie nomma une commission com-
posée de MM. Jamin, Berthelet, Daron,
Larrey et Henri Mangon pour étudier ce rapport.

Voici la description sommaire des *baro-*

mètres-témoins qu'avait emportés le *Zénith*, et dont l'examen fut fait par l'Académie des sciences.

Les *baromètres-témoins* sont des réservoirs à mercure surmontés de tubes hermétiquement clos, dans lesquels on a emprisonné une certaine quantité d'air. La pression du dehors se communique au dedans par un ou plusieurs trous pratiqués dans le fond du réservoir à mercure. Ces trous sont capillaires, c'est-à-dire assez étroits pour que l'air extérieur ne puisse pénétrer, mais assez larges pour que le mercure intérieur puisse s'écouler quand la pression du dehors devient inférieure à celle de l'air du dedans, phénomène qui se produit dès que le ballon s'élève au-dessus de la surface terrestre. On mesure la hauteur de l'ascension à la quantité de mercure expulsé.

A propos de l'ascension du *Zénith*, le journal la *Liberté* publia une statistique toute d'actualité : la liste des victimes de l'aérostation depuis le premier voyage effectué par Pilâtre des Rosiers, le 21 novembre 1783, jusqu'à nos jours. Cette statistique trouve naturellement sa place ici.

Le 16 juin 1784, Pilâtre des Rosiers et son compagnon périrent à la suite de l'explosion de leur ballon.

Olivari se tua à Orléans, en montgolfière, le 25 novembre 1802.

Mosment tomba de son ballon à Lille, le 7 avril 1806.

Rittorf périt en montgolfière à Manheim, le 17 juillet 1812.

Mme Blanchard périt à Paris, en 1819, par l'explosion de son ballon, allumé par des pièces d'artillerie qu'elle tirait en l'air.

Le comte Zambeccari mourut dans une montgolfière.

Arban alla se perdre en Espagne.

Garris, officier de la marine anglaise, fut tué dans une descente trop précipitée, à Londres, en mai 1824.

Sadier fut tué dans une descente en ballon, à Bolton, en Angleterre, le 29 septembre 1824.

Cockang périt le 27 septembre 1836, à Londres, dans une descente en parachute de forme renversée, de son invention, qui, au lieu de ralentir la chute, la précipita.

Comaschi partit de Constantinople en 1845; on n'en eut plus de nouvelles.

Ledel s'éleva en ballon à Saint-Pétersbourg, en 1847; il disparut.

Gale se tua, le 8 septembre 1850, près de Bordeaux.

Tardino partit de Copenhague, en 1851, et alla mourir dans l'île de Seeland.

Merle fut asphyxié dans les airs, en 1851, près de Châlons-sur-Marne.

Goulston mourut à Manchester en juin 1852.

Mlle Emma Verdier périt, en 1853, à Montesquieu, près de Mont-de-Marsan.

Emile Deschamps expira, le 26 novembre 1853, dans une ascension à Nîmes.

Letour mourut, en 1854, à la suite d'une descente en parachute, à Londres.

Charston se perdit, en 1858, dans le Michigan.

Nall périt à Newcastle.

Chambers mourut, en 1863, près de Nottingham.

Durant le siége de Paris, le 30 novembre 1870, M. Prince, marin, sortit de la capitale, montant le *Jacquard*, et se perdit en mer, après avoir passé au dessus de Slymouth.

Lacuze, soldat, montant le *Richard-Wallace*, le 27 janvier 1871, se perdit en mer.

Si maintenant nous nous occupons des ascensions scientifiques, nous voyons que quelques-unes d'entre elles ont failli coûter la vie aux savants qui les entreprirent, notamment celles de MM. Barral et Bixio, en juin et juillet 1850; la fameuse ascension de M. James Glaisher, qui atteignit, en 1861, une hauteur de dix mille mètres; celle de Dupuis-Delcour, qui eut lieu le 18 juin 1841.

VII

De nouvelles ascensions se préparent.

Que conclure de toutes les expériences qui ont été faites pour s'élever dans les airs et les traverser ? C'est que le problème de la navigation aérienne demeure encore sans solution. Ce problème doit-il être relégué parmi ceux qui sont mis au ban de la science ? La navigation aérienne, répondent un grand nombre de mathématiciens, est impossible dans l'état actuel de notre mécanique, de notre physique et de notre chimie ; mais cette impossibilité n'est que relative, et de nouveaux efforts sont tentés pour triompher des obstacles. A l'heure qu'il est, assure-t-on, MM. Durnoff, Fonvielle et

Mariotte songent à s'élever, à leur tour, en ballon, pour pénétrer graduellement dans l'atmosphère, en étudier les couches et savoir jusqu'où certains tempéraments — les mieux constitués pour résister à la dépression de l'air, — peuvent impunément s'aventurer.

Puisqu'il est admis, jusqu'à preuve du contraire, que le ballon rempli de gaz se dilate à mesure qu'il s'élève, c'est-à-dire d'autant plus qu'il pénètre dans des régions où l'air est plus déprimé ; que le gaz, ne pouvant s'échapper par la soupape comme l'expulseraient quelquefois les aéronautes s'ils étaient libres de leurs mouvements, se dégage par la partie inférieure et devient mortel, l'ascension aura pour but de vérifier les effets de l'échappement du gaz sur les voyageurs. C'est pourquoi on attachera à la partie inférieure du ballon, près de l'ouverture, une chaîne de cages, pour ainsi dire, dans lesquelles seront enfermés des animaux. On observera sur eux la mortalité produite par le gaz, et lorsque les derniers, c'est-à-dire les plus voisins des voyageurs, seront atteints, on estimera qu'on est arrivé à la hauteur où les ballons ouverts par l'extrémité inférieure deviennent mortels, et qu'on n'est pas éloigné de celle où MM. Crocé-Spinelli et Sivel ont dû être asphyxiés.

Cette ascension ne sera pas la dernière. On construit en ce moment une nouvelle soupape dans l'atelier de M. Barlivet, destinée à un ballon énorme qui mesurera quatre mille mètres cubes de gaz. M. Fonvielle en est l'inventeur, mais M. Durnoff a eu le mérite de l'application. Cette soupape est double; l'une est enclavée dans l'autre. La première sert à maintenir le ballon en équilibre avec la pression et la hauteur voulues; on n'a recours à la seconde que dans les grandes manœuvres.

Terminons par une nouvelle intéressante.

Un savant a imaginé un ingénieux procédé qui empêcherait l'asphyxie que nous avons signalée. Le ballon serait fermé par les deux bouts; toutefois, à l'extrémité supérieure se trouverait une soupape dite de sûreté, en sorte que, à une certaine hauteur, la pression du ballon augmentant en raison inverse de la dépression atmosphérique; la soupape s'ouvrirait automatiquement et ne se refermerait, sous l'impression mécanique d'un ressort à boudin, que lorsque la dilatation du gaz aurait diminué. Pour monter, il suffirait de jeter du lest.

Ainsi font les aéronautes qui travaillent dans les foires. Ils prennent dans la nacelle le plus de monde possible; le ballon est gonflé, mais comme ils ne veulent pas s'élever bien haut, au commandement de : « Lâchez tout! » ils ouvrent la soupape, et le gaz s'échappe. Le ballon ne saurait les emporter loin, n'ayant guère que la force de les soutenir, eux et les voyageurs; pour monter de quelques centaines de mètres, il leur suffit de jeter du lest.

On est sur le point, on le voit, d'arriver à pouvoir descendre et monter à peu près à volonté; mais pour ce qui est de la direction des ballons, les études approfondies auxquelles se sont livrés les géomètres et les physiciens prouvent qu'il est impossible de l'obtenir avec les moteurs dont la mécanique dispose aujourd'hui, parce qu'il n'existe aucun appareil à la fois suffisant pour combattre l'énorme puissance des vents et des courants de l'atmosphère, et assez léger pour être élevé dans les airs avec l'aérostat. Il s'agit de découvrir un nouveau moteur dont l'action emporterait un appareil beaucoup moins pesant que ceux que nous connaissons.

Suivant MM. Nadar ; Ponton d'Amécourt, de La Landelle, un nouveau moteur n'est pas nécessaire. Il n'est pas difficile, selon eux, de diminuer le poids de notre machine à vapeur, mais il faut renoncer au ballon. Le ballon est un obstacle à la navigation aérienne. Pour lutter contre l'air, il faut être spécifiquement plus lourd que lui. L'hélice, mue par la vapeur, tel est l'organe mécanique que nous promet une enquête vainement poursuivie jusqu'ici. M. Babinet, membre de l'Institut, a prêté à l'hélice l'autorité de sa parole.

FIN

TABLE

— Lille. Typ. J. Lefort. 1876 —

A LA MÊME LIBRAIRIE :

On reçoit franco à domicile contre envoi du prix en timbres-poste.